这真是特别的一天，侏罗纪与白垩纪的恐龙穿越时空相聚了。请小朋友赶快动手贴一贴，完成下面的图片，并认一认它们都是谁。

你真棒！

不错哦！

加油！

战士出征

你真棒！

不错哦！

加油！

我的恐龙伙伴

冠饰神奇的恐龙

北视国出版策划团队 编

浙江摄影出版社

穿越时空来相聚

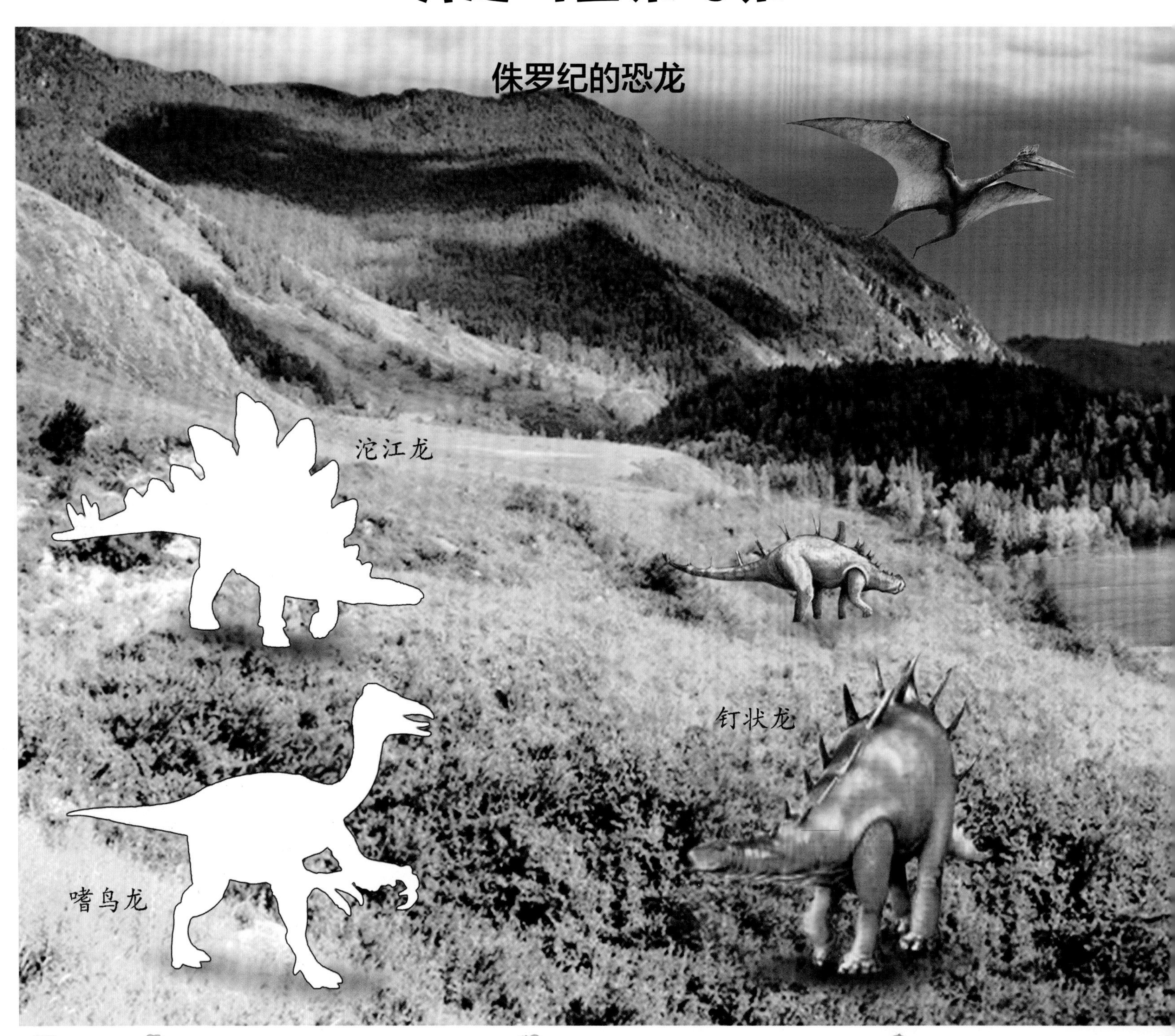
侏罗纪的恐龙
沱江龙
钉状龙
嗜鸟龙

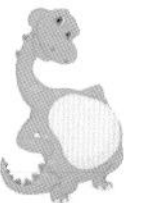
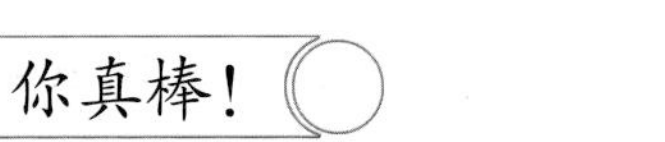
你真棒！

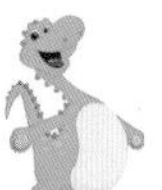
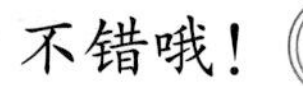
不错哦！

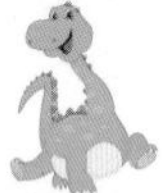
加油！

有一只盔龙要出征了，这次它不是去打仗，而是去寻找食物。请小朋友找出相应的贴纸贴一贴，看一看盔龙找到了哪些美味的食物。

你真棒！

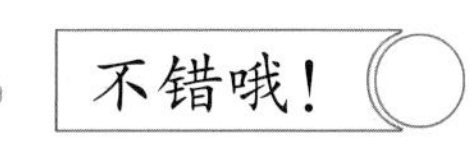

加油！

恐龙化石写真集

你真棒！

不错哦！

加油！

一位考古学家制作了一本恐龙化石写真集。请小朋友看一看，里面有哪些恐龙化石，然后把其中缺失的部分粘贴上去。

你真棒！

不错哦！

加油！

蛇发女怪龙王国

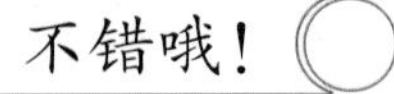

加油！

蛇发女怪龙生活在白垩纪，它身形较小，性情却很残暴，是名副其实的魔鬼龙。请小朋友用贴纸把图中缺失的部分补充完整，然后说一说还有哪些恐龙生活在这个王国里。

你真棒！

不错哦！

加油！

五角龙摔跤大赛

你真棒！

不错哦！

加油！

山谷里一派热闹的景象，五角龙部落一年一度的摔跤大赛开始了。瞧，两只壮年的五角龙正在用头部相互撞击。请小朋友找出贴纸把图中缺失的部分补充完整，然后说一说比赛的情况。

你真棒！

不错哦！

加油！

隐蔽的藏身地

你真棒！

不错哦！

加油！

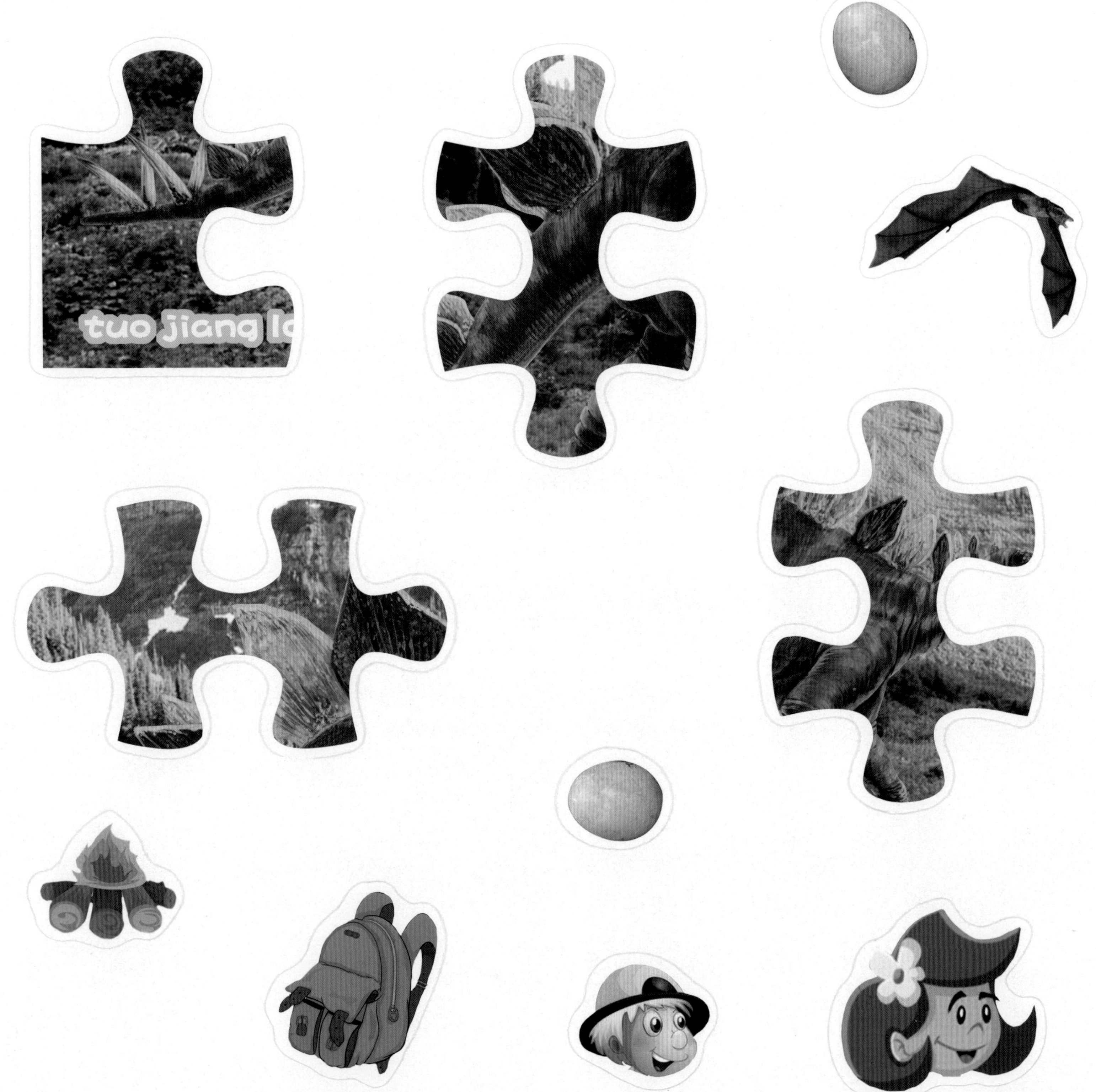
tuo jiang lo

YONG YI FU HE CAI LIAO GU FEN YOU XIAN GONG SI 2016 B
YONG YI FU HE CAI LIAO GU FEN YOU XIAN GONG SI 2016 B

一个晴朗的早晨，宁静的丛林里突然蹿出一只长着一对新月形巨大骨冠的双脊龙，蜥蜴和昆虫们急忙躲藏起来。它们的藏身地很隐蔽，小朋友，你能把它们找出来吗？用贴纸让它们显形吧！

你真棒！

不错哦！

加油！

回忆电影画面

艾文去电影院看《小恐龙历险记》，他很喜欢这部电影。

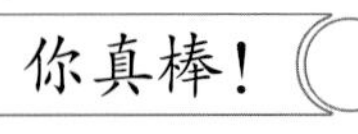

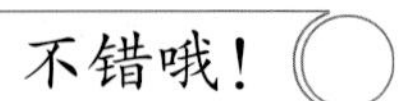

加油！

回家后，艾文的脑子里还在回忆电影里的情景。请小朋友找出相应的贴纸，把下面的图补充完整，然后说一说艾文回忆起什么电影画面。

你真棒！

不错哦！

加油！

恐龙拼图

你真棒！

不错哦！

加油！

安迪和莉亚在玩拼图，他们要拼一只背部长满圆锥形骨钉的沱江龙，但他们还剩几块拼图不知道放在什么位置。请小朋友动动小手，帮助他们完成拼图吧！

你真棒！

不错哦！

加油！

保护恐龙蛋

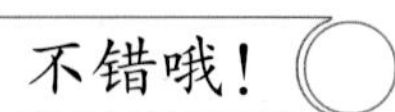

加油！

考古队在南美洲挖到了几个恐龙蛋。突然，暴风雨来袭，队员们展开了护蛋行动。请小朋友用贴纸把画面补充完整，然后说一说考古队员是怎样保护恐龙蛋的。

你真棒！

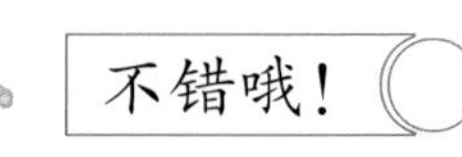

不错哦！

加油！

珍娜分蛋糕

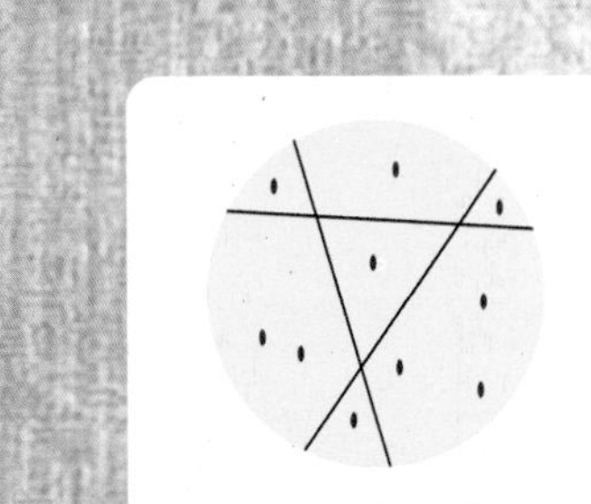

蛋糕切法示例图

今天，珍娜过生日。妈妈给她做了一个蛋糕，上面放了七块可爱的恐龙巧克力。

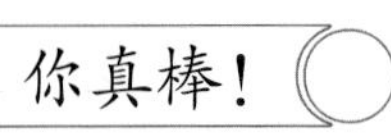

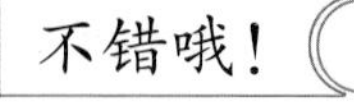

加油！

珍娜想把蛋糕分成七块给七个小朋友，而且每块蛋糕上都有一块恐龙巧克力。妈妈说只能切三刀，珍娜不知道怎么分。请小朋友用贴纸把画面补充完整，并帮助珍娜分蛋糕。

你真棒！　不错哦！　加油！

猜扑克游戏

你真棒！

不错哦！

加油！

三个小朋友在玩猜扑克游戏。一个小朋友选出四张扑克牌，让其他两个小朋友猜。请你在四张扑克牌上粘贴出正确答案，并说一说是什么图案。

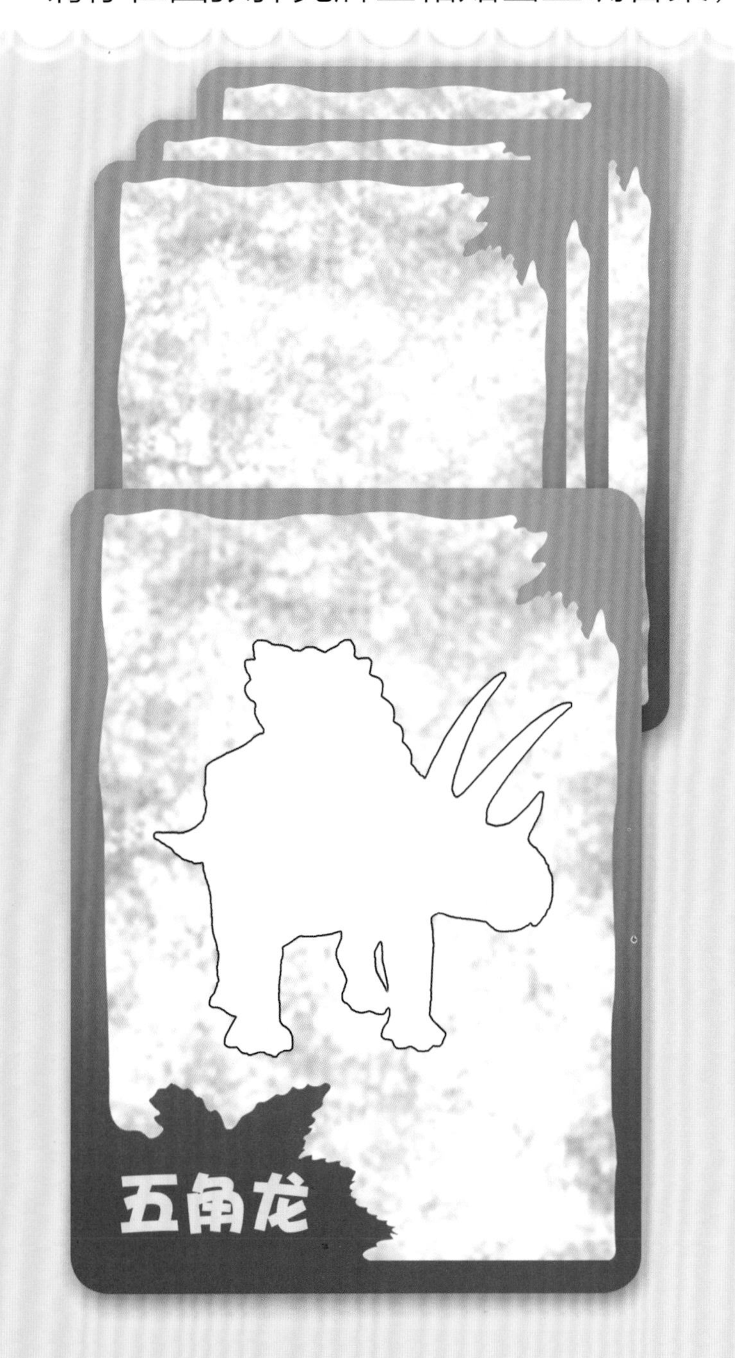

你真棒！

不错哦！

加油！

恐龙连连看

杰米在玩恐龙连连看游戏，有一关他始终过不了。请小朋友找出相应的贴纸把游戏补充完整，并把相邻为同一种恐龙的两只恐龙圈出来，帮助他过关吧！

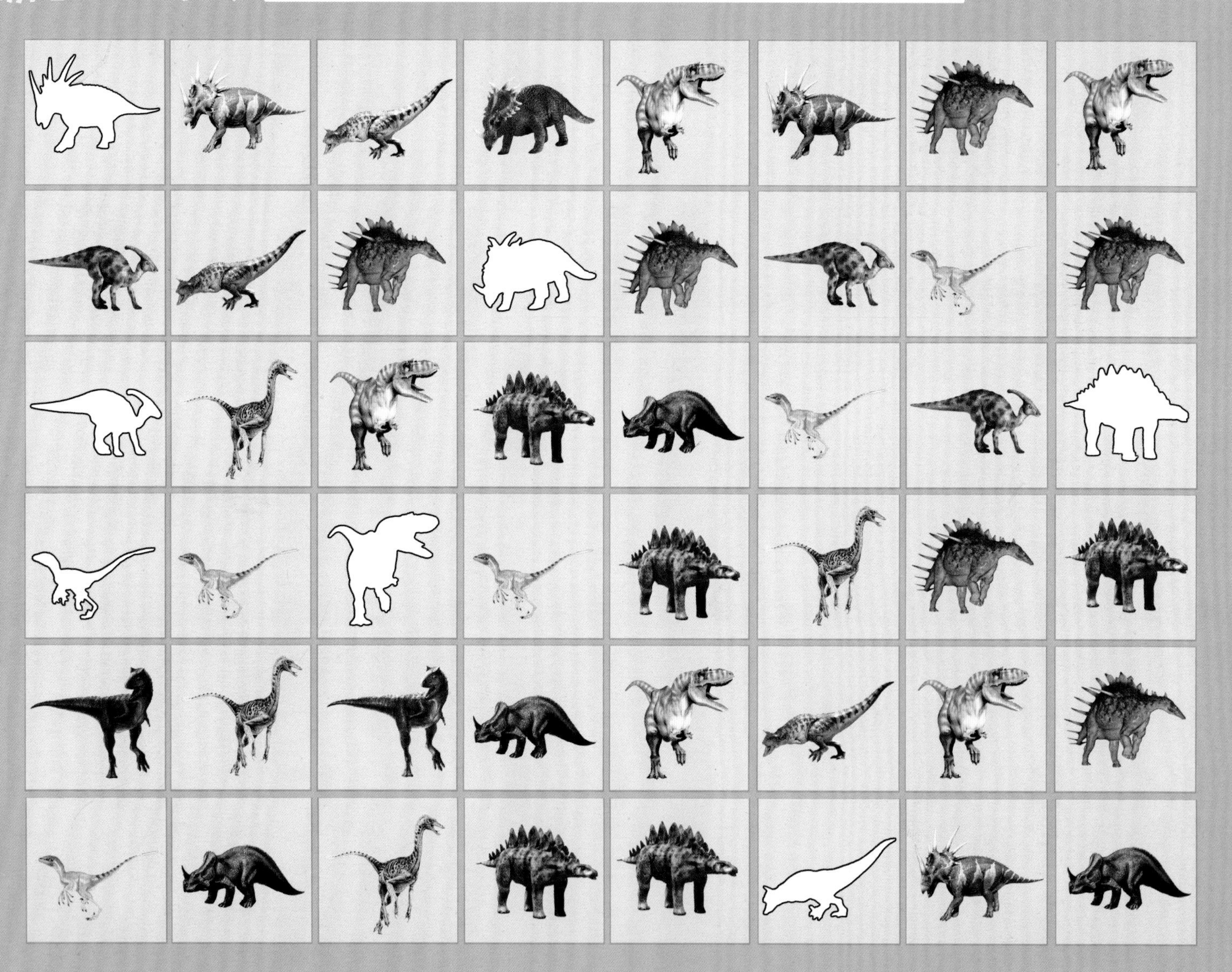

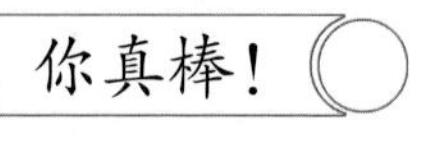

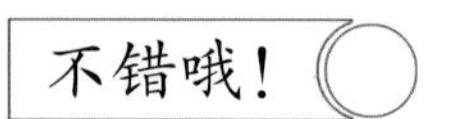

加油！